Bibliografische Information der Deutschen Nationalbibliothek:

Die Deutsche Bibliothek verzeichnet diese Publikation in der Deutschen Nationalbibliografie; detaillierte bibliografische Daten sind im Internet über http://dnb.d-nb.de/ abrufbar.

Impressum:

Druck und Bindung: Books on Demand GmbH, Norderstedt Germany
ISBN: 9783668442290

Dieses Buch bei GRIN:

http://www.grin.com/de/e-book/359332/bewirkt-der-klimawandel-eine-verschiebung-der-jahreszeiten

Andreas Scheiflinger

Bewirkt der Klimawandel eine Verschiebung der Jahreszeiten?

GRIN Verlag

Alpen-Adria-Universität Klagenfurt

Institut für Geographie und

Regionalforschung

Seminarthesis:

Bewirkt der Klimawandel eine Verschiebung der Jahreszeiten?

Scheiflinger Andreas

Inhalt

Abbildungsverzeichnis:

1. Einleitung

In den letzten Jahren ist das öffentliche Interesse an der Erforschung des Klimas deutlich gewachsen. Insbesondere der anthropogene Teilaspekt des Klimas ist in den Fokus gerückt, da es vielfältige Auswirkungen des dadurch in Gang gesetzten Klimawandels gibt. Im Zuge des Klimawandels entstehen enorme Risiken für die Zukunft, aber auch für die Gegenwart, sei es für die Agrarwirtschaft, den Tourismus, aber auch Gefahren von extremen Naturkatastrophen bereiten den Menschen große Sorgen.

Der Klimawandel an sich ist ein hochaktuelles und ein ausgeprägtes interdisziplinäres Objekt der Forschung. Das Wort Klima kommt aus dem Griechischen und bedeutet „ich neige", gemeint dabei ist aber die Sonne (vgl. Hüpfer/ Kuttler ,2006, S.238.) Die Sonne ist der Mittelpunkt unseres Sonnensystems. Sie strahlt ihre Energie nach außen in das Weltall zu uns auf die Erde, welche der Ausgang für das Leben und das Klima auf unseren Planeten ist. Ein wichtiges Klimaelement, welches von der Sonne ausgeht, ist die Strahlung. Man unterscheidet kurzwellige Strahlung von der langwelligen Strahlung, sowie die terrestrische Strahlung. Bevor diese Energie auf die Erde trifft muss sie die Atmosphäre durchqueren (vgl.Weischet/Endlicher ,2008, S.74). Barry & Chorley nennen vier Faktoren, die die an der Atmosphärenoberfläche eintreffende Energie, beeinflussen. Einer dieser Faktoren ist die solare Ausstrahlungsmenge, welche die Entfernung der Sonne zur Erde, die Höhe des Sonnenstandes und die Tageslänge, die eine entscheidende Rolle für die Jahreszeiten spielt, beschreibt. Die Sonne strahlt relativ gleichmäßig auf die Erde. Ungefähr die Hälfte der Sonnenstrahlen treffen ca. 1370 Wm^2 im rechten Winkel die Obergrenze der Atmosphäre der Erde, dieser Wert wird als Solarkonstante (S_0) bezeichnet (vgl. Barry & Chorley 2003: S. 32). Wenn man sich dieses Schema vorstellt, wirkt die Erde von der Sonne aus wie eine Scheibe. Da zu jedem Zeitpunkt eine Hälfte der Erdkugel der Sonne abgewandt ist und die eingetroffene Strahlung aufgrund der Abflachung der Erdkugel in Richtung Pole nur am Äquator mit voller Intensität ankommt, muss man die Solarkonstante vierteln (1370 Wm^2 / 4), um die Energie auf die Kugelfläche aufzuteilen. Diese rund 342 Wm^2 stellen nun die gemittelte Energie dar, die dem System Erde für verschiedene Prozesse, wie zum Beispiel die Photosynthese, aber auch Energiegewinnung, zur Verfügung steht (vgl. Weischet 1988: S. 32). Nicht alle Bereiche der Erde werden dabei gleichmäßig von der Sonne erfasst. Die Strahlung trifft unterschiedliche Zonen der Erde verschieden lang (Bestrahlungsdauer) und jeweils in einem anderen Winkel (Einstrahlungswinkel). Diese beiden Parameter sind abhängig von der Drehung der Erde selbst, wobei zu beachten ist, dass die Erdachse um 23,5° geneigt ist (vgl. Gebhardt et al. 2007: S. 198). Aufgrund der genannten Tatsachen, muss der Strahlungshaushalt, welcher die abwärts und aufwärts gerichteten Strahlungsflüsse in der Atmosphäre und deren Änderungen durch Reflexion, Streuung,

Absorption und Emission beschreibt, berechnet werden (Weischet/Endlicher 2013: S.166). Dieser hat wiederum Auswirkungen auf das Klima und den Energiehaushalt. Besonders der Klimawandel kann die Zusammensetzung der Atmosphäre verändern. In weiterer Folge verändert sich möglicherweise der Strahlungs- und Wärmehaushalt der Erde. Dabei stellt sich die Frage, ob es durch eine mögliche Erhöhung dieser Haushalte in Folge des Klimawandels zu einer Verschiebung der Jahreszeiten kommen könnte?

In meinem Bericht möchte ich nun versuchen diese Frage zu beantworten. Dabei werde ich Tatsachen, welche das Klima immer beeinflussen, sowie auch menschliche Faktoren, die zum Klimawandel beitragen können, in den Fokus nehmen. Grundvoraussetzung für die Beantwortung der Forschungsfrage ist aber auch eine Vielzahl von physikalischen Grundlagen, die ebenfalls zu erwähnen sind.

2. Erdbahnparameter

Die Umlaufbahn der Erde um die Sonne unterliegt leichten Schwankungen, die als Erdbahnparameter bezeichnet werden (Weischet/ Endlicher 2008: S.23). Dieses Geschehen verläuft allerdings nicht immer gleichmäßig ab, da es viele Schwankungen durch die Anziehungskräfte anderer Planeten und des Mondes gibt. Die Schwankungen sind langfristige Änderungen und treten in verschiedenen Zeitabschnitten zwischen 10.000 und 100.000 Jahren auf. Sie können die Ursache für längerfristige Klimaänderungen sein und zu einer Abkühlung oder Erwärmung führen. Erdbahnparameter beziehen sich nur auf das Zusammenspiel von Sonne und Erde, denn die Erde verändert ihre Neigung und ihre Umlaufbahn. Dadurch verändert sich die Sonnenstrahlungsintensität auf der Erde. Um eine solide Basis für meine Arbeit zu schaffen, möchte ich diese nun erklären (vgl. Lohnmann 2002: o.S.).

2.1 Exzentrizität

Unter der Exzentrizität (e) eines Planeten versteht man die Abweichung seiner Planentenbahn von einer exakten Kreisbahn, die eine Exzentrizität von 0 hat. Eine Ellipse mit einer Exzentrizität nahe 1 ist dagegen sehr langgezogen - im Extremfall mit e = 1 hätte der Himmelskörper die Form einer Geraden. Die Exzentrizität der Erdbahn beträgt gegenwärtig etwa 0,0167. Etwa alle 100.00 Jahre verändert sich die Exzentrizität. Dadurch gibt es jedes Jahr einen sonnennächsten und einen sonnenfernsten Punkt. Am 2. Januar befinden wir uns am nächsten der Sonne mit einem Abstand von ca. 147 Millionen Kilometer, dieser Zeitpunkt wird als Perihel bezeichnet. Bereits am 3. Juli befindet sich die Erde rund 152,5 Millionen Kilometer entfernt der Sonne, diesen Punkt nennt man Aphel. Über einen Zeitraum von mehreren zehnttausend Jahren wirkt sich die Exzentrizität auf die Temperaturentwicklung der Erde aus. Aber auch auf die Länge der Jahreszeiten hat sie eine entscheidende Rolle. Aufgrund des Kepler'schen Gesetzes, welches die fundamentalen Gesetzmäßigkeiten für die Umlaufbahnen der Planeten um die Sonne beschreibt, bewegt sich die Erde schneller, je näher sie der Sonne ist. Der Unterschied zwischen Perihel und Aphel beträgt ungefähr 1km s^{-1} (vgl. Weischet/Endlicher 2008: S.23ff).

2.2 Obliquität

Die Obiliquität beschreibt wie die Erdachse gegenüber der Senkrechten zur Erdbahn gekippt ist, wodurch die nördliche Hemisphäre im Sommer der Sonne zugewandt ist. Zur gleichen Zeit ist die südliche Hemisphäre der Sonne abgewandt und befindet sich im Winter. Die Erdachse steht heutzutage in einem Winkel von 23,4° zur Senkrechten der Erdbahn. Somit befindet sich der

Himmelsäquator ebenfalls in einem Winkel von 23,4° zur Ekliptik. Dieser Winkel unterliegt allerdings Schwankungen zwischen etwa 21,8°-24,4°. Diese Zahlen ändern sich aber nur ungefähr alle 40.000 Jahre und können somit eine Ursache für das Eiszeitalter gewesen sein. Die Obliquität hat einen Effekt von ca. 20 W/m2 der Solarkonstante bei 50 °N (vgl. Weischet/ Endlicher 2008: S.23ff).

2.3 Präzision

Unter Präzision versteht man, wenn sich die Erdachse auf Grund der Anziehungskraft von Mond und Sonne gegen den Uhrzeigersinn um die Senkrechte der Erdbahn dreht (vgl. Bertelsmann, 2008: S.577). Der Vorgang der Präzision tritt in einer Periode von etwa 23.000 Jahren auf. Somit verändert sich langsam die jahreszeitliche Lage der Erde auf der Erdbahn. Die Präzision führt also dazu, dass im Perihel einmal der Nordwinter und einmal der Nordsommer liegen können. Sie hat einen Effekt von 70 bis 100 W/m2 der Solarkonstanten bei 50 °N (vgl. Kasang 2012: o.S.).Vor ungefähr 11.000 Jahren war der Perihelstand im Nordsommer und die damit einhergehende Strahlung auf der Nordhemisphäre ein Grund für das Abtauen der Eisfläche bei Island und somit der Beendigung der letzten Eiszeit (vgl. Weischet/ Endlicher 2008: S.23ff).

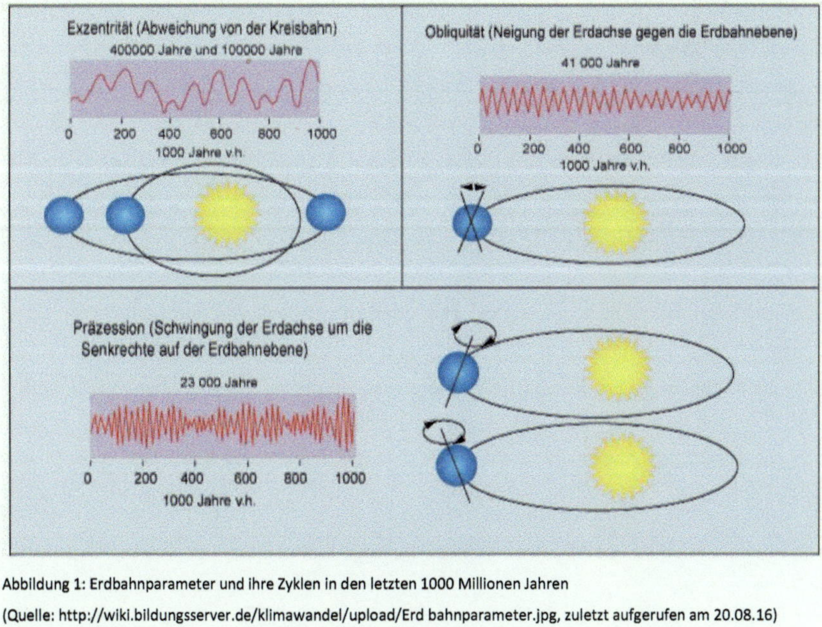

Abbildung 1: Erdbahnparameter und ihre Zyklen in den letzten 1000 Millionen Jahren

(Quelle: http://wiki.bildungsserver.de/klimawandel/upload/Erd bahnparameter.jpg, zuletzt aufgerufen am 20.08.16)

3. Das solare Klima

Die Sonne ist der primäre Motor des Klimas auf der Erde. Dreh- und Angelpunkt ist die abgebende Strahlung, ohne die sämtliches organisches Leben auf der Erde nicht möglich wäre. Der Energie- und Strahlungshaushalt der Atmosphäre setzt die eintreffende Strahlung in räumliche Strukturen um, die sich in den verscheiden Klimazonen wiederspiegeln. Die Sonne ist ein riesiger Gasball mit einem Durchmesser von ca. 696.000 km. Ihre Energie, welche in Joule gemessen wird, gelangt in Form von elektromagnetischer Strahlung auf die Erde. Die Gesamtenergiedichte wird in W/m² gemessen. Die Grundgröße zur Berechnung des solaren Klimas ist die Solarkonstante, sie wird meist als I_0 bezeichnet (vgl. Weischet/ Endlicher 2008: S.32ff & Schönwies 2013: S109ff). Die Werte für diese Konstante schwanken aufgrund Messunsicherheiten zwischen 1373 W/m² und 1366 W/m² (Kraus 2001:S108ff).

3.1 Berechnung des solaren Klimas

Laut Definition von Weischet ist das solare Klima der Erde der im tages- und jahresperiodischen Gang der Einheitsfläche auf der Horizontebene von Orten unterschiedlicher geographischer Breite unter Abstraktion der Atmosphäre die zur Verfügung gestellte Strahlungsenergiemenge (vgl.Weischet/ Endlicher 2008: S.33). In der Abbildung 2 ist ein Beispiel für die Berechnung eines bestimmten Sonnenstandes zwischen einfallender Sonnenstrahlung und Horizontalebene dargestellt. Auf die Fläche a^1*b trifft die Strahlung senkrecht auf. Bei dieser Fläche fließt die Solarkonstante I_0 ein. Durch die gesamte Fläche fließt jedoch I_0* a^1*b. Auf die Horizontebene verteilt sich die gleiche Menge auf eine größere Fläche a*b. Folglich muss die Strahlungsmenge pro cm² und Minuten kleiner werden. Nach Gesetzen der Geometrie ist a^1/a der Sinus des Winkels h_m. Die Genauere Ableitung kann man in der Literatur von Weischet und Endlicher auf Seite 34 nachlesen. Daher ergibt sich die **Formel $I = J_0 * \sin h_m$** (vgl.Weischet/ Endlicher 2008: S.32ff & Schönwiese 2013: S.110ff. & Blühtgen/ Weischet 1980: S.81ff).

Zusammengefasst kann man also sagen, dass durch die angenäherte Kugelgestalt der Erde, Sonnenstrahlen zu jedem Zeitpunkt an genau einem Ort senkrecht auf die Erdoberfläche treffen. Je steiler der Einfallwinkel α der Sonnenstrahlen, desto größer ist die Menge der einstrahlenden Energie.

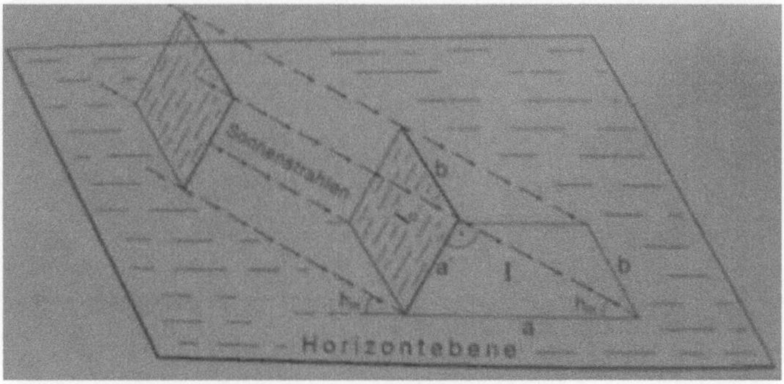

Abbildung 2: Abhängigkeit der Strahlungsintensität vom Einfallswinkel

(Quelle:Weischet, Endlicher 2008, S.34)

Wenn man nun für einen bestimmten Ort, siehe Abbildung 3, jede Minute der Einstrahlungszeit die Sonnenhöhe kennt, kann man die auftreffende Strahlungsmenge aus der Summe für alle Minuten des Tages die Gesamtmenge pro Tag berechnen und in weiterer Folge auch die Gesamtenergiemenge für ein Jahr. Die Sonnenhöhe und Einstrahlungszeit ändern sich mit der Erdrotation und Erdrevolution tages- bzw. jahresperiodisch (vgl. Weischet/ Endlicher 2008: S.34 & Schönwiese 2013: S.110ff).

Für die Geoposition

Breite: 46 Grad 37 Minuten
Länge: 13 Grad 51 Minuten
Seehöhe: 501 Meter

Mittlere monatliche Tagessummen von Global- und Himmelstrahlung auf die Horizontalfläche

Strahlungsdaten auf die Horizontalfläche

	Jan	Feb	Mar	Apr	Mai	Jun
Global	1.171,5	1.936,7	3.097,3	4.374	5.340,6	5.751,8
Himmel	751,4	1.121,6	1.684	2.279,2	2.699,7	2.888,5

Strahlungsdaten auf die Horizontalfläche

	Jul	Aug	Sep	Okt	Nov	Dez
Global	5.539,3	4.734,4	3.540,6	2.283,3	1.339,7	946,5
Himmel	2.859	2.568	2.011,6	1.351	844	641,1

Strahlung in W*h/qm

Abbildung 3 Strahlungsdaten Villach

(Quelle: Eigene Grafik erstellt in: http://www.bmwfw.gv.at/EnergieUndBergbau/klimadatenrechner/Seiten/ZurBerechnung.aspx)

3.2 Auswirkungen des solaren Klimas auf die Jahreszeiten

Auch die Jahreszeiten sind unterscheidbar durch die unterschiedliche Energieeinstrahlung der Sonne, auf die ich hier noch kurz mit Hilfe der Abbildung 4 eingehen möchte.

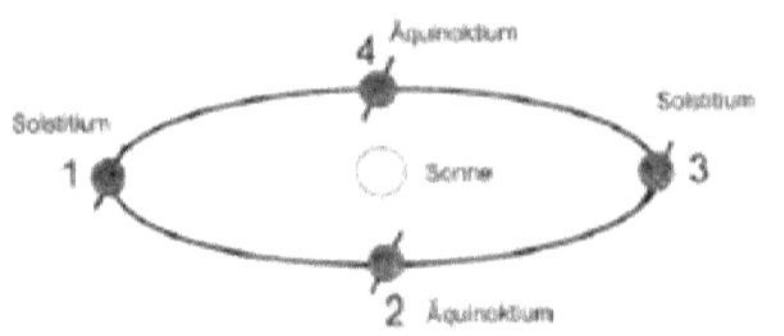

Punkt N	1	2	3	4
90°	1110	-	-	-
70°	1043	312	-	316
60°	1020	586	181	593
30°	1005	789	480	799
10°	900	898	756	909
0°	814	912	869	923
10°	708	898	962	909
30°	450	789	1073	799
50°	170	586	1089	593
70°	-	312	1114	316
90°	-	-	1185	-

Abbildung 4 Tagessummen der Sonnenausstrahlung inkl. Tabelle
(Quelle: Barth 2002 S.38)

Am 21.6. (Punkt 1) beginnt auf der Nordhalbkugel der Sommer, d.h. hier befindet sich auch der längste Tag. Daher ist auch die Energieeinstrahlung auf der Nordhemisphäre maximal, da die Sonne hier am längsten scheint. Die Breitenkreise auf der Nordhalbkugel werden mehr als die Hälfte von der Sonne während des Tages bestrahlt, da sie schräg zur Sonne stehen. Richtung Nordpol wird der Bestrahlungsanteil immer länger, bis hin zum Polartag, wo 24 Stunden die Sonne scheint. Auf der Südhalbkugel ist Winterbeginn und der Südpol ist komplett im Dunkeln (Polarnacht). Bei den Äquinoktien (= Tag- und Nachtgleichen) trifft die Sonne alle Breitenkreise senkrecht. Daraus resultiert, dass wir 12 Stunden Tag bzw. Nacht haben. Das Energiemaximum ist am Äquator und nimmt in Richtung Pole hin ab. Im Punkt 3 bekommt die Nordhalbkugel am wenigsten Energie zugeführt, die Verhältnisse sind umgekehrt als im Punkt 1 beschrieben. Laut Tabelle ist hier die Einstrahlung pro cm^2 und Tag mit 1185 cal am höchsten, da die Erde hier der Sonne am nächsten ist (Perihel). Aufgrund der eben genannten Strahlungsunterschiede kann man Polargebiete, Mittelbreiten und Tropen voneinander unterschieden (vgl. Barth, 2002, S. 39 – S. 41). Während des Sommersolstitiums weist das Polargebiet auf der entsprechenden Hemisphäre ein bedeutendes Strahlungsmaximum auf, das in den Tropen nie erreicht wird. Doch bereits nach nur etwa zwei bis drei Monaten ist die Energiezufuhr wieder Null und der Überschuss von etwa 20% wird zu einem Mangel von etwa 50%. Generell ist das solare Klima in den Tropen aufgrund konstanterer Solarstrahlung stabiler, Richtung Pole nehmen die Werte ab (vgl. Weischet 1988: S. 36)

4. Spektrale Energieverteilung

Die Sonnenstrahlung wird grundsätzlich in der Klimatologie zwischen kurzwelliger (solarer) und langwelliger (terrestrischer) Strahlung unterschieden. Die elektromagnetische Strahlung der Sonne hat ihr Maximum bei etwa 500 nm Wellenlänge (blau-grünes Licht), reicht aber von harter Röntgenstrahlung mit weniger als 0,1 nm bis zu langen Radiowellen. Das Spektrum ist von etwa 140 nm (UVC) bis etwa 10 cm (Mikrowelle) näherungsweise das eines schwarzen Strahlers, siehe Abbildung 5(Kuttler 2009: S. 63ff)..

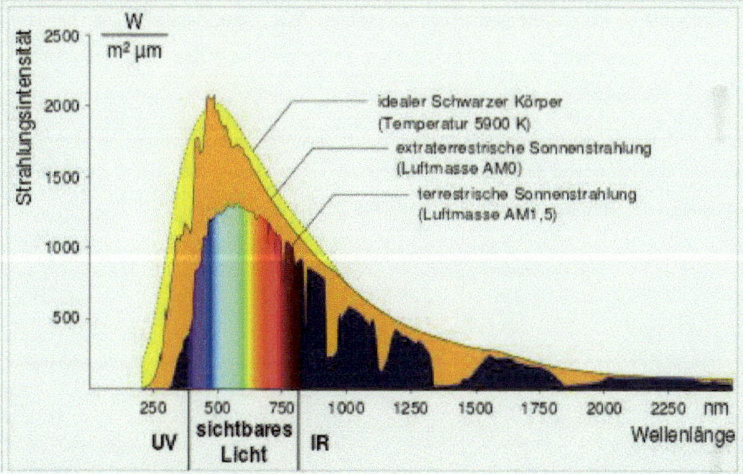

Abbildung 5 Intensität der Sonnenstrahlung
(http://libussa.org/beugung/bs0.png Zugriff am 20.08.2016)

Die infrarote Wärmestrahlung, welche 47% beträgt, hat einen sichtbaren Teil der ca. 45% beträgt. Hingegen hat die sogenannte ultraviolette Strahlung mit ungefähr 8% einen deutlich geringen Teil an sichtbaren Licht. Das energetische Maximum liegt ungefähr bei 0,5 µm, dies entspricht der Farbe Grün (vgl. Kuttler 2009: S. 63f & Barry/Chorley 2003: S. 33). Unter kurzwellige Strahlung versteht man elektromagnetische Wellenenergie, die kleiner als 3 µm ist. Sie wird von der Sonne Richtung Erde geschickt. Die kurzwellige Strahlung umfasst vor allem UV-Strahlung, sichtbares Licht und Strahlung im nahen Infrarot. Auch die Erde gibt Strahlung bzw. Wärme ab. Diese nennt man langwellige oder terrestrische Strahlung mit Wellenlängen die größer als 3 µm sind (vgl. Gebhardt et al. 2007: S. 198). Die langwellige Strahlung unterliegt aber, wie die solare Strahlung der Extinktion, sodass die effektive terrestrische Strahlung ca. 18% beträgt (vgl. Schönwiese 2013: S.118ff).

5. Atmosphäre

Die Atmosphäre hat mehrere Funktionen hinsichtlich des Klimas. Einerseits dient sie als Lieferant von lebensnotwendiger sauberer Luft oder frischem Wasser. Andererseits nimmt sie aber auch Schadstoffe auf, welche im Rahmen industrieller Produktion ausgestoßen werden (vgl. Rahmeyer, 1999, S.1). Sie bietet aber auch Schutz vor Strahlung aus dem Weltall durch Absorption von energiereicher Partikelstrahlung oder Röntgen- und UV-Strahlung, das sind Strahlungen im Bereich von 400 - 40 nm Wellenlänge, siehe Kapitel 6 (vgl.Weischet/Endlicher 2008: S.15ff). Unter anderem für diese Prozesse besitz die Atmosphäre eine Untergrenzschicht, welche teils vom Festland bis hin zur gewässergebildeten Erdoberfläche sich erstreckt. Nach oben hin geht sie in den interplanetarischen Raum über. Die Vertikalausdehnung der Atmosphäre beträgt ungefähr 1000 km. Man muss aber erwähnen, dass bereits nach einigen hundert Kilometern Luftdichte und Luftdruck abnehmen, siehe Abbildung 10. Aus diesem Grund sind für die Klimaprozesse nur die unteren 10km, nämlich die sogenannte Troposphäre, von Bedeutung (vgl. Schönwiese 2013: S.18ff).

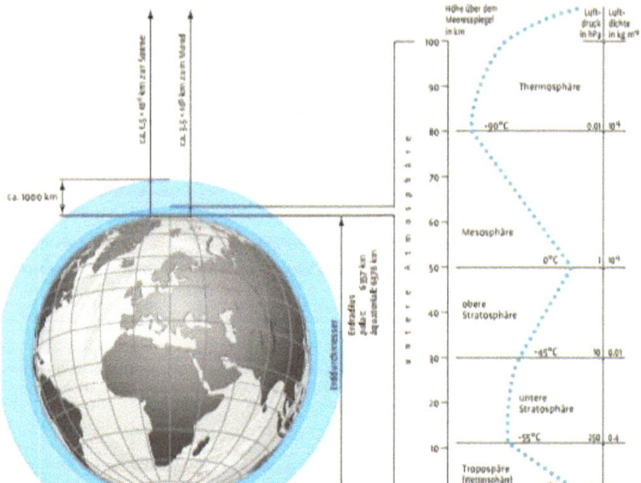

Abbildung 6 Rechts: Vertikalgliederung der Atmosphäre nach thermischen Kriterien; links Größenvergleich mit der festen Erde

(Schönwiese,2013,S.19).

Nun möchte ich auf die chemische Zusammensetzung der Atmosphäre näher eingehen, denn genau diese ist es, welche eine der Hauptrollen im Klimawandel spielt. Details siehe Tabelle 1.

- Gase vorwiegend Stickstoff N_2 und Sauerstoff O_2.
- Hydrometeore, dabei handelt es sich um Wasser in flüssigen oder festen Aggregatzuständen
- Aerosole, sind feste aber auch flüssige Substanzen, welche meist aus sehr kleinen organischen Stoffen, wie z.B: Pflanzenpollen, aber auch anorganischen Stoffen, wie Staub, bestehen (vgl. Schönwiese 2013: S.18ff).

Tab. 1 Zusammensetzung trockener (wasserdampffreier) und reiner (aerosolfreier) atmosphärischer Luft in Bodennähe, geordnet nach Volumenanteilen V' (Prozent bzw. ppm = 10^{-6}, ppb = 10^{-9} bzw. ppt = 10^{-12}; zur Volumen-Kennzeichnung wird oft auch ppmv usw. geschrieben; s. auch Tab. 27, 31 u. A. 9); a = Jahr, m = Monat, d = Tag; Quellen: Warneck und Wurzinger (1987), Zellner (2000), Kraus (2001), IPCC (2007), WMO (2011), CDIAC (2012), NOAA (2012)

Gas, chemische Formel	Volumenanteil V'	Molekulargewicht M' in 10^3 kg mol^{-1}	Verweilzeit t' (mittl. molekulare)
Stickstoff, N_2	78.084 %	28.02	> 1000 a
Sauerstoff, O_2	20.946 %	32.01	> 1000 a
Argon, Ar	0.934 %	39.95	> 1000 a
Kohlendioxid, CO_2	0.039 % = 391.6 ppm[1]	44.02	5–15 a[2]
Neon, Ne	18.18 ppm	20.18	> 1000 a
Helium, He	5.24 ppm	4.00	> 1000 a
Methan, CH_4	1.81 ppm[1]	16.04	12 a
Krypton, Kr	1.14 ppm	83.80	> 1000 a
Wasserstoff, H_2	0.52 ppm	2.02	2 a
Distickstoffoxid (Lachgas), N_2O	0.32 ppm[1]	44.01	114 a
Xenon, Xe	0.09 ppm = 90 ppb	131.30	> 1000 a
Kohlenmonoxid, CO	~ 90 (50–200) ppb[3]	28.01	60 d
Ozon, O_3	~ 35 (15–100) ppb[4]	48.00	< 4 m
Stickoxide, NO_x (= NO + NO_2)	0.5–5 ppb[3]	30.00 , 46.01	~ 1 d
Schwefeldioxid, SO_2	0.2–4 ppb[3]	64.06	1–4 d
Ammoniak, NH_3	0.1–5 ppb	17.03	~ 5 d
Propan, C_3H_8	0.2–1 ppb	44.11	?
Dichlordifluormethan, CF_2Cl_2 (FCKW-12)	~ 0.53 ppb[1]	120.91	100 a
Trichlorfluormethan, $CFCl_3$ (FCKW-11)	~ 0.24 ppb[1]	137.37	45 a
Chlordifluormethan, $CHClF_2$ (FCKW-22)	~ 0.22 ppb[1]	86.47	12 a

1) Konzentration ansteigend, außer FCKW-11 und FCKW-12, angegeben ist der Schätzwert für 2011.
2) kein einheitlicher Wert angebbar, Verweilzeit des anthropogenen Anteils ca. 120 a (50–200 a).
3) räumlich-zeitlich stark variabel, in Ballungsgebieten bis ungefähr um den Faktor 10 höhere Werte möglich.
4) wie 3) und 1), in der Stratosphäre jedoch wesentlich höhere Konzentrationen von 5–10 ppm, dort abnehmend.

Tabelle 1 . Zusammensetzung trockener (wasserdampffreier) und reiner (aerosolfreier) (Schönwiese,2013,S.23).

Wie man in der Tabelle erkennen kann, steigen einige Werte an. Was das für Auswirkungen auf den Klimawandel und die Verschiebung der Jahreszeiten haben kann, versuche ich in Kapitel 8 zu klären.

5.1 Ozonschicht

Ohne die Ozonschicht wäre das Leben auf der Erde, so wie wir es kennen, nicht möglich. Denn die Ozonschicht filtert die schädliche UV-C-Strahlung der Sonne fast vollständig und schwächt die etwas weniger gefährliche UV-B-Strahlung größtenteils ab. Sie befindet sich etwa in 15 bis 50 Kilometer Höhe und enthält 90 Prozent des atmosphärischen Ozons. Die energiereiche ultraviolette Strahlung (UV-C) der Sonne wandelt dort Sauerstoff (O_2) in Ozon (O_3) um. Ein Teil der ultravioletten Strahlung, insbesondere die UV-B-Strahlung, spaltet Ozon wieder in Sauerstoff. So ergibt sich ein chemisches Gleichgewicht zwischen Bildung und Abbau von Ozon, bei dem die Menge von Ozon annähernd gleich bleibt. Hauptsächlich wird Ozon(O_3) in den Tropen erzeugt und dann polwärts transportiert (vgl. Deutscher Wetterdienst: Klimastatusbericht 2005: PDF, S.191 & Schönwiese 2013: S.25ff).

6. Strahlungsgesetze

Wenn ein Körper mit seiner Umgebung im thermischen Gleichgewicht steht, so ändert sich seine Temperatur nicht. Man geht davon aus, dass ein Strahlungsgleichgewicht besteht, d.h. der Körper emittiert im zeitlichen Mittel genauso viel Strahlung, wie er absorbiert. Wäre dieses Gleichgewicht gestört, so würde sich der Körper erwärmen oder abkühlen, je nachdem, ob die Absorption oder die Emission überwiegt. Für diesen Körper, ein sogenannter „schwarzen Strahler", leitete Planck eine Beziehung für die Emissionscharakteristik her und in weiterer Folge wurden die Strahlungsgesetze entwickelt (Weischet/ Endlicher 2008: S.64).

6.1 Planck'sche Strahlungsgesetz

Dieses Gesetz gibt die Verteilung der elektromagnetischen Energie der Wärmestrahlung eines schwarzen Körpers in Abhängigkeit von der Wellenlänge oder der Frequenz der Strahlung an. Wie bereits erwähnt, ist für dieses Gesetz Ausgangspunkt ein absoluter, schwarzer Körper. Fällt ein kurzwelliges Strahlungsbündel in den schwarzen Körper, wird dieser vollständig absorbiert bzw. immer schwächer, siehe Abbildung 7. Dies bedeutet, dass sich das Energieniveau des schwarzen Körpers erhöht, dadurch wird er wärmer und emittiert in weiterer Folge die Strahlung wieder (vgl. Weischet 1988: S. 72 & Barry/ Chorley 2003: S. 32f). Dieses Gesetz dient dabei zur Bestimmung der Energiemaxima strahlender Körper, wie zum Beispiel der Sonne oder Erde.

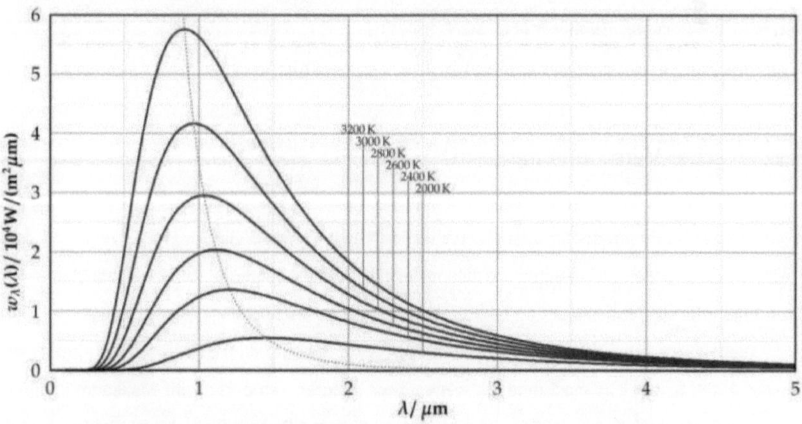

Abbildung 7 Planck'schesStrahlungsgesetz

(http://www.semibyte.de/wp/graphicslibrary/gl-physics/plancksches-strahlungsgesetz/ (Zugriff am 20.08.2016)

6.2 Stefan-Boltzmann Gesetz

Dieses Gesetz ist eine Weiterführung des Planck'schen Gesetzes und „[...] besagt, dass die von einem physikalisch Schwarzen Strahler ausgesandte Energieflussdichte Q proportional der 4. Potenz der absoluten Temperatur des Strahlers ist [...]" (Gebhardt et al. 2007: S. 199). Es dient zur Bestimmung der Gesamtenergiedichte über alle Spektralbereiche, die der Fläche unter der Planck'schen Strahlungskurve entspricht.

$$Q = \varepsilon * \sigma * T^4$$

Q ... Energieflussdichte

T ... Oberflächentemperatur in Kelvin

σ ... Stefan-Boltzmann-Konstante

ε ... Emissionsvermögen

Abbildung 8 Stefan-Boltzmann Gesetz
(Gebhardt et al. 2007, S. 199)

Es verdeutlicht die starke Abhängigkeit dieser Gesamtenergiedichte von der Temperatur des schwarzen Körpers. Man muss aber beachten, denn natürliche Oberflächen strahlen infolge der Absorption nicht die vollständige Energiemenge eines schwarzen Körpers mit der gleichen Temperatur ab. Daher ist für die Anwendung auf natürliche Objekte eine Modifikation des Stefan-Boltzmann-Gesetzes erforderlich(vgl. Gebhardt et al. 2007: S. 199ff).

6.3 Wien'sches Verschiebungsgesetz

Vergrößert sich die Temperatur eines schwarzen Strahlers, so vergrößert sich die totale abgestrahlte Energie und das Maximum der Strahlungskurve wandert zu kürzeren Wellenlängen. Es zeigt sich, dass bei dem Maximum der Planck'schen Strahlungsformel (siehe Abbildung 10) das Produkt aus der Wellenlänge und der Temperatur konstant ist. Das Wien'sche Verschiebungsgesetz besagt nun, „das [sic] die Wellenlänge maximaler Energie umso kleiner wird, je höher die Temperatur des Körpers ist" (Weischet 1988: S. 84). D.h. die Sonne hat wegen ihrer höheren Temperatur ihr Maximum in einem sehr kurzwelligen Bereich, das der Erde liegt hingegen im langwelligeren Bereich (vgl. Gebhardt et al. 2007: S. 201). Mit Hilfe dieses Gesetzes ist es möglich die Verschiebung des Strahlungsmaximums in Abhängigkeit von der absoluten Temperatur des Strahlers zu berechnen. Anhand dieser Gesetze ist es möglich die Beleuchtung einer Region zu errechnen, welche sich wiederum auf die Jahreszeiten auswirkt.

$$\lambda_{max} * T = const. \quad \lambda_{max} \ldots \text{Wellenlänge maximaler Energie} \quad T \ldots \text{Temperatur}$$

Abbildung 9 Wien'sche Verschiebungsgesetz
(Weischet 1988: S.84)

7. Energietransporte

Die bereits erwähnte kurzwellige Strahlung, die von der Sonne ausgesandt wird, muss auf ihren Weg zur Erde die Atmosphäre passieren und erreicht deshalb die Erdoberfläche weder vollständig noch direkt. In der Atmosphäre kann es zu Streuung und Absorption kommen (vgl. Schönwiese, 2009,S. 116).

7.1 Absorption

Unter Absorption versteht man die „Aufnahme von Strahlungsenergie durch Materie." (Weischet/ Endlicher 2008: S.41). Durch Wechselwirkungen auf atomarer Ebene führt die Energieaufnahme zur Erwärmung der Materie und zur Abstrahlung sekundärer Wärmestrahlung. (Barth 2002: S. 41). Wird also Strahlung in der Atmosphäre absorbiert, erwärmt sich diese. Absorption ist in den meisten Fällen selektiv, dies bedeutet, dass nur bestimmte Bereiche eines Strahlungsbündels herausgefiltert werden. Der Rest durchdringt beispielsweise die Atmosphäre oder wird reflektiert (vgl. Weischet ,1988, S. 63).

7.2 Reflexion

Unter Reflexion versteht man das „Zurückwerfen elektromagnetischer Strahlung ohne Veränderung der Wellenlänge. Dies kann überwiegend gerichtet sein wie zum Beispiel Schnee oder diffus wo die Reflexion in viele verschiedene Richtung stattfindet wie bei Nebel." (Barth, 2002, S. 42).

Das bedeutet es ändert sich lediglich die Richtung der Strahlung, nicht aber die Wellenlänge. Die Strahlung kann so aber auch öfter an kleinen Teilchen bzw. Partikeln gestreut werden, sodass sie schlussendlich doch die Erde erreicht (vgl. Schönwiese 2009: S. 116).

Ist die Luft trocken und rein, wird die Strahlung lediglich an Luftmolekülen gestreut. Aufgrund dieser molekulare Streuung ist das Gesetz von Rayleigh gültig, welches sagt das die Streuung elektromagnetischer Wellen an Teilchen, deren Durchmesser kleiner im Vergleich zur Wellenlänge λ ist, also etwa bei der Streuung von Licht an kleinen Molekülen. Die Streuung erfolgt proportional 1 zu

4, somit werden kürzere Wellenlängen viel stärker gestreut als längere. Deshalb ist der Himmel an einem wolkenlosen Tag auch blau und nicht rot (vgl. Kuttler 2009: S. 64).

Wird die Strahlung an größeren Partikeln wie Wassertropfen, Staub oder anderem Aerosol gestreut, spricht man von der Mie-Streuung (vgl. Barry/Chorley 2003: S. 38). Die Mie-Theorie ist die exakte Lösung der Maxwell-Gleichungen für die Streuung einer geraden elektromagnetischen Welle an einem sphärischen Objekt (beliebiger Größe). Dabei werden die einfallende ebene Welle und das gestreute elektromagnetische Feld in eine Reihe nach abstrahlenden sphärischen Wellenfunktionen beschrieben (vgl. Gustav Mie 1908: S. 377). In Wirklichkeit läuft jedoch meistens eine Mischung aus beiden Streuungsgesetzen ab (vgl. Barry/ Chorley 2003: S. 38). Daraus ergibt sich, dass die Atmosphäre wie ein Filter wirkt, der nur einen Teil der Strahlung hindurch lässt (vgl. Barth 2002: S. 45). Die kurzwellige Sonnenstrahlung wird also beim Durchqueren der Atmosphäre gefiltert, verändert und verliert auch an Energie. Für den Energieverlust am unteren Ende der Atmosphäre nennt Weischet drei Verursacher. Diese sind das Ozon O_3, das Kohlendioxyd CO_2 und der Wasserdampf H_2O in der Atmosphäre(vgl. Weischet,1988, S. 64).

Die Ozonschicht absorbiert dabei das schädliche kurzwellige ultraviolette Licht fast zur Gänze. Dabei wird durch die Energieaufnahme in der Stratosphäre wieder Wärme frei und in diesem Bereich steigt die Temperaturkurve signifikant an. Der Teil der Strahlung, der die Erdoberfläche erreicht, wird Globalstrahlung genannt und setzt sich aus der direkten Sonnenstrahlung und dem gestreuten Teil der Atmosphäre zusammen. Diese Globalstrahlung ist wiederum hauptsächlich von der aktuellen Bewölkung abhängig (vgl. Gebhardt et al. 2007: S. 201). Ein weiterer Begriff für die Globalstrahlung ist Insolation, welche im Wesentlichen aussagt, wie viel Energie eine Fläche tatsächlich bekommt (vgl. Schönwiese 2003: S. 116).

Barth(2002, S.50f) nennt folgende vier Abhängigkeitsfaktoren für die Energiesumme der Globalstrahlung: Die Höhe des Sonnenstandes, die Sonnenscheindauer, den Bewölkungsgrad und den Gehalt von Wasserdampf in der Luft. Da die Erde kein schwarzer Körper ist, wird nur ein Teil der Einstrahlung absorbiert. Der andere Teil wird ohne Energieaufnahme wieder reflektiert. Dieser Prozess ist abhängig von der Oberfläche. Ein weißer Körper, beispielsweise eine Schneedecke, reflektiert bis zu 95% der Strahlung und ein dunklerer Körper, wie etwa ein dunkler Nadelwald, absorbiert bis zu 95% der Strahlung (vgl. Gebhardt et al. 2007: S. 202). „[...] Der Anteil der reflektierten gegenüber der eingestrahlten Sonnenergie heißt Albedo“ (Schönwiese 2003: S. 116).

Die Albedo, in der Literatur häufig mit p bezeichnet, lässt sich für jeden beliebige Körper berechnen und so auch für das System Erde-Atmosphäre. Die planetare Albedo hat einen Wert von ca. 30, d.h. ungefähr 30% der einfallenden kurzwelligen Strahlung werden vom Gesamtsystem sofort reflektiert (vgl. Schönwiese 2003: S. 116f). Grundsätzlich gibt es einen kurzwelligen und eine langwelligen Albedo. Letzterer wird nur selten verwendet bzw. angegeben, weil er meistens unter 10% liegt (vgl. Kuttler

2009: S. 65).Die Ozonschicht absorbiert dabei das schädliche kurzwellige ultraviolette Licht fast zur Gänze. Dabei wird durch die Energieaufnahme in der Stratosphäre wieder Wärme frei und in diesem Bereich steigt die Temperaturkurve signifikant an. Der Teil der Strahlung, der die Erdoberfläche erreicht, wird Globalstrahlung genannt und setzt sich aus der direkten Sonnenstrahlung und dem gestreuten Teil der Atmosphäre zusammen. Diese Globalstrahlung ist wiederum hauptsächlich von der aktuellen Bewölkung abhängig (vgl. Gebhardt et al. 2007: S. 201). Ein weiterer Begriff für die Globalstrahlung ist Insolation, welche im Wesentlichen aussagt, wie viel Energie eine Fläche tatsächlich bekommt (vgl. Schönwiese 2003: S. 116).

$$G = I_S + I_H\ (- R)$$

G ... Globalstrahlung

I_S ... direkte Sonneneinstrahlung

I_H ... diffuse Himmelsstrahlung (Streustrahlung)

R ... Reflexion der Erdoberfläche

Abbildung 10 Globalstrahlung
(Schönwiese 2003: S.116)

7.3 Streuung

Wenn eine elektromagnetische Welle auf Teilchen der Materie trifft, so wechselwirkt sie mit diesen und wird dadurch von ihrer ursprünglichen Ausbreitungsrichtung abgelenkt. Diese Ablenkung erfolgt an den Gasen und Partikeln der Atmosphäre, wobei ein Teil durch mehrfache Streuung wieder die Erdoberfläche trifft. Der Rest verlässt durch Reflexion das System Erdoberfläche-Atmosphäre. Diesen Gesamten Vorgang nennt man Extinktion, Abbildung 14 (vgl. Schönwiese 2013: S.115ff).

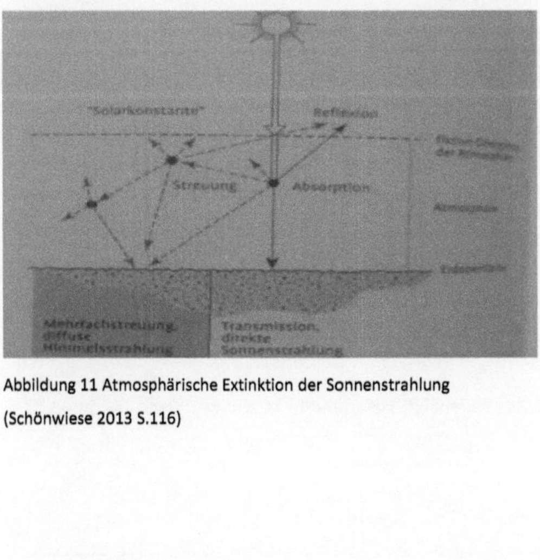

Abbildung 11 Atmosphärische Extinktion der Sonnenstrahlung
(Schönwiese 2013 S.116)

8. Strahlungshaushalt und Wärmehaushalt

Der Strahlungshaushalt der Erde ist der wichtigste Bestandteil des Energiehaushalts unseres Planten. Um nun wirklich Rückschlüsse auf die Jahreszeiten und das örtliche Klima zu bekommen, wird eine Strahlungsbilanz benötigt. Man unterscheidet zwischen kurzwelliger und langwelliger Strahlungsbilanz. Dabei sei an dieser Stelle noch einmal zu erwähnen, dass die Globalstrahlung die Summe der kurzwelligen Strahlung plus langwellige Strahlung darstellt. Wenn man annimmt, dass die auf die Erde eintreffende Strahlung 100% ausmacht, dann wird ein Teil sofort an der Erdoberfläche reflektiert und es bleiben rund 45% erhalten, die von der Erde absorbiert werden. In der Atmosphäre selbst werden 20% der kurzwelligen Strahlung von Gasen und dem Aerosol absorbiert, 5% davon wiederum von den Wolken. Total reflektiert vom System werden ca. 30%, das wiederum würde der Albedo entsprechen (vgl. Schönwiese 2003: S. 116f).

Man kann also allgemein folgende Formel für die kurzwellige Strahlungsbilanz aufstellen:

$$SB_{KW} = G - G^{*}\alpha = G\,(1-\alpha)$$

G ... Globalstrahlung

α ... Albedo

Abbildung 12 Kurzwellige Strahlungsbilanz

(Schönwiese 2013: S.116)

Die Energie, die von der Erde ausgestrahlt wird, ist langwellig und wird wie bereits erwähnt deshalb langwellige bzw. terrestrische Strahlung genannt. Langfristig wird in der Erde keine Energie gespeichert (vgl. Weischet 1988: S. 82). Die langwellige Strahlungsbilanz besteht aus der langwelligen Ausstrahlung der Erdoberfläche und aus der atmosphärischen Gegenstrahlung, denn auch die langwellige Strahlung wird in der Atmosphäre bis zu einem gewissen Maß reflektiert bzw. gestreut (vgl. Gebhardt et al. 2007: S. 202).

Man kann also allgemein folgende Formel für die langwellige Strahlungsbilanz aufstellen:

$$SB_{LW} = A\uparrow + A\downarrow$$

$A\uparrow$ ... terrestrische Ausstrahlung (-)

$A\downarrow$ ... atmosphärische Gegenstrahlung

Abbildung 13 Langwellige Strahlungsbilanz

(Gebhardt et al. 2007: S.202)

Fasst man die beiden genannten Strahlungsbilanzen zusammen, erhält man die so genannte Strahlungsbilanzgleichung.

$$Q^* = (I + H - R) - (E - A)$$

Q* ... Strahlungsbilanz (KW + LW)
I ... direkte Sonnenstrahlung (KW)
H ... diffuses Himmelslicht (KW)
R ... reflektierte Solarstrahlung (KW)
E ... terrestrische Strahlung (LW)
A ... Gegenstrahlung der Atmosphäre (LW)

Abbildung 14 Strahlungsbilanz

Ab.14 Strahlungsbilanz (Gebhardt et al. 2003: S.202)

Durch die langwellige Gegenstrahlung der Atmosphäre gibt es also auf der Erdoberfläche einen Energieüberschuss, denn der „Energieinput [...] ist etwa doppelt so groß wie das der Globalstrahlung“ (Gebhardt et al. 2003: S. 202).

Nach der Aufsummierung aller Strahlungsenergien bleibt an der Erdoberfläche ein Energieüberschuss übrig. Diese Energie wird für zwei Prozesse benötigt. Die Luft, die in Kontakt mit der Erdoberfläche gelangt, wird erwärmt. Bei diesem Prozess wird der Atmosphäre Energie zurückgegeben. Diesen Energiefluss bezeichnet man als fühlbare Wärme **H**. Bei dem zweiten Prozess wird Wasser an der Erboberfläche in Wasserdampf umgewandelt. Durch diese Aggregatsänderung des Wassers erfolgt wieder ein Energietransport, diesen nennt man latente Wärme **L**. Neben der Strahlungsbilanz **Q**, fühlbarer und latenter Wärme, spielt noch eine vierte Komponente, nämlich der Bodenwärmestrom **B**, eine Rolle. Tagsüber, wenn die Erdoberfläche aufgrund intensiver Sonneneinstrahlung stark aufgeheizt wird, erfolgt ein Energietransport in den Erdboden hinein. Diese gespeicherte Energie kann während der nächtlichen Ausstrahlung wieder abgegeben werden, diesen Vorgang nennt man Bodenwärmestrom (Weischet/ Endlicher 2008: S.66, 96ff.). Zusammengefasst lautet daher die Wärmehaushaltsgleichung wie folgt:

$$Q+B+H+L=0$$

„Nach dem Energieerhaltungssatz muss die Summe der einzelnen Glieder der Energiebilanz ausgeglichen sein und deshalb gleich Null, weil sämtliche Strahlungsströme durch die Erdoberfläche hindurchfließen und eine Fläche definitionsgemäß keine Speicherfähigkeit besitzt“ (Kuttler 2009: S. 69).

9. Natürlicher und anthropogener Klimawandel

In diesem Kapitel möchte ich nun klären ob der Klimawandel eine Rolle auf die Verschiebung der Jahreszeiten spielt. Die thermische Ausstrahlung der Erde in den Weltraum beträgt ca. 235 W/m², was zu einer effektiven Strahlungstemperatur von etwa -19°C führt. Mit dieser Temperatur müsste die Oberfläche eines festen Körpers, in unserem Fall die Erde, strahlen, um die bei der Erde beobachtete langwellige Strahlung in den Weltraum zu befördern. In Wirklichkeit beträgt aber die mittlere Temperatur in Bodennähe etwa 14°C und ist damit um 33 Grad höher als die effektive Strahlungstemperatur (vgl. IPCC 2001 & Barth 2002: S. 46ff).). Die Ursache dafür liegt in der Tatsache, dass Wasserdampf und in geringerem Maße auch CO2 die Sonnenstrahlung zum Teil absorbieren, vor allem aber selbst Wärmestrahlung abgeben, siehe Kapitel 7. In Richtung Erdboden übertrifft diese zusätzliche Wärmestrahlung aus der Atmosphäre die Reduktion der Sonnenstrahlung durch Absorption und bewirkt so am Erdboden eine höhere Energieeinstrahlung, als es ohne diese Gase der Fall wäre. Auf diese erhöhte Einstrahlung muss aber der Erdboden durch eine Temperaturerhöhung reagieren, damit die langfristige Energiebilanz sichergestellt werden kann. Diesen Vorgang bezeichnet man als den natürlichen Treibhauseffekt (vgl. Weischet/ Endlicher 2008: S.78ff). „Der Treibhauseffekt ist ein natürlicher Prozess von Absorption und Gegenstrahlung, welcher auf der Erde für einen Temperaturbereich sorgt, der die Entwicklung des Lebens [...] erst ermöglicht hat“ (Barth 2002: S. 47). Das wiederum bedeutet, es muss den Treibhauseffekt schon immer gegeben haben. Folgende Gase in der Reihenfolge ihrer Bedeutung sind beteiligt: H_2O, CO_2, CH_4, N_2O und das Ozon am Boden und in der Stratosphäre, siehe Kapitel 5. Dabei sind CO_2, CH_4 und N_2O wegen ihrer langen Lebensdauer in den Schichten der Troposphäre und der Stratosphäre recht gut gleichmäßig verteilt. Wolken und Aerosole haben ebenfalls einen wesentlichen Einfluss auf die globale Strahlungsbilanz, Der aktuelle Kimawandel kann nur schwer durch natürliche Faktoren erklärt werden. Er ist wahrscheinlich auf das menschliche Handeln zurückzuführen. Das sehen zumindest ca. 98% der Wissenschaftler, die aktiv im Bereich des Klimas forschen (vgl. Anderegger et al. ,2010, S.107). Bereits Ende der 1980 hat sich aber eine Koalition aus Gegnern des aktiven Klimaschutzes gebildet, aus Vertreter vor allem der Ölindustrie, aber auch aus der Automobilebranche. Sie entwickelten die sogenannten „Klimaschwindelthese“ (vgl. Beck ,2010, S.15ff). Exemplarisch für einen Skeptiker ist zum Beispiel Hermann Harde zu nennen, welcher bei seinen Simulationen einen deutlichen Rückgang der CO_2 Emission in der Atmosphäre prognostiziert. Nähere Informationen findet man in seinem Artikel „Abschätzung der globalen Erwärmung durch CO2 und solaren Einfluss“. Grundsätzlich muss man auch erwähnen, dass die Aussagen der führenden Klimawissenschaftler, wenn es um die Verhaltenseinschätzung eines Gases in Bezug auf seinen natürlichen oder anthropogenen Anteil in der Atmosphäre geht abweichen (vgl. IPCC 2007).

Nehmen wir nun an, es gibt den anthropogenen Klimawandel, dann ist wohl der steigende CO_2 Gehalt in der Atmosphäre die treibende Kraft. Vor allem die fossilen Energieträger Kohle, Erdöl und Erdgas pumpen das CO_2 direkt in die Atmosphäre. Da vergleichsweise in extrem kurzer Zeit durch das Verbrennen wieder CO_2 der Atmosphäre zugeführt wird, kommen die natürlichen Auslagerungsmechanismen mit diesem Tempo nicht zurecht und das CO_2 reichert sich in der Atmosphäre an. Ein weiterer möglicher Antreiber im Klimawandel ist das Gas CH_4. Es entsteht hauptsächlich bei Umwandlung von pflanzlicher oder tierischer Materie unter Abwesenheit von Sauerstoff. Es entsteht Hauptsächlich beim Verfaulen, Vermodern oder Verdauen. Der Name Sumpfgas nennt bereits eine wesentliche Quelle für CH_4: die Methanerzeugung aus abgestorbenen Pflanzenresten in Mooren, aber auch in Reisfeldern oder in Rindermägen. Auch bei der Förderung fossiler Energieträger wird Methan frei, das bei deren Bildung mitentstanden ist. Aber auch das abtauen der Permafrostböden setzt wieder CH_4 frei (vgl. Böhm, 2010 & Buchal/ Schönwiese 2010, & Crowley 2000 & Ruddiman 2008). Bis zum Jahr 2100 geht man von einem mittleren globalen Temperaturanstieg zwischen 1,8 (mit einer Schwankungsbreite von 1,1-2,9) und 4,0 (mit einer Schwankungsbreite von 2,4-6,4) Grad Celsius aus (IPCC 2007).

10. Fazit

Grundsätzlich ist zu sagen, dass alle in der Seminararbeit erwähnten Punkte, egal ob Strahlung, die Energietransporte oder der Klimawandel eine wichtige Rolle für den Beginn und das Ende der Jahreszeiten spielen. Man kann sagen, dass alle erwähnten Punkte einen riesigen miteinander interagierenden Prozess bilden, bei dem es sehr schwer ist zu erfassen, in welchem Verhältnis die einzelnen Parameter Einfluss haben. Es gibt es Aufzeichnungen des Deutschen Wetterdienstes, welche für die Verschiebung der Jahreszeiten zumindest in Deutschland sprechen könnten. Zum einen soll der verfrühte Blühbeginn im Frühling feste gellt worden sein. Die Haselnussblüte gilt als Zeichen des Frühlingsbeginns. Die Blühtermine innerhalb eines Jahrzehnts schwanken zwar erheblich. Insgesamt zeigte sich aber, dass die Haselnuss immer früher blüht. Pro Dekade tat sie dies durchschnittlich 4,6 Tage früher. Im Laufe von fünfzig Jahren wanderte so der phänologische Frühlingsbeginn um ca. 23 Tage nach vorne. Die Holunderblüte leitet in unseren Mitteleuropäischen Breiten den Sommerbeginn ein. Auch beim Holunder, gab es eine große Bandbreite im Kalender, wann die Blüte begann. Statistisch zeigte sich pro Jahrzehnt eine Verfrühung um 3,4 Tage. Insgesamt rutschte die Holunderblüte zwischen 1961 und 2010 um 17 Tage nach vorne und schlussendlich ist der Holunder heute im Durchschnitt 18 Tage früher reif als vor fünfzig Jahren. Pro Jahrzehnt rutschte der Termin um 3,6 Tage nach vorne. Was allerdings etwas verwunderlich ist, dass sich im Unterschied zu den Zeichen für den Beginn Frühling,

Sommer und Herbst kein Trend zur Terminverschiebung beim Spätherbst erkennen lässt (vgl. DWD Jahreszeiten, 2016,o.S). Diese Entwicklung zeigt, dass die Vegetationsperiode immer weiter verlängert wird, während die Winter immer kürzer werden. Meiner Meinung nach ist das der Beleg, dass sich die Jahreszeiten verschieben. Ob diese Verschiebung nun durch den anthropogenen oder natürlichen Klimawandel ausgelöst wird, ist meiner Meinung nach unmöglich zu beantworten, da es sich auch um natürliche Klimaschwankungen handeln kann. Die Erde erwärmt sich, das ist ein unbestreitbares Faktum und das könnte einige neue Herausforderungen, aber auch Möglichkeiten mit sich bringen. Wenn mehr Energie zu Verfügung steht können wir Menschen sie vielleicht besser nutzen, ich denke dabei an Solarstrom oder Photovoltaik. Durch die höheren Temperaturen und verkürzten Winter können die Heizkosten vermindert werden. Man sollte aber nicht außer Acht lassen, dass es auch weitere Probleme mit sich bringen könnte, wie zum Beispiel besteht die Möglichkeit dass es regional vermehrt zu einen "falschen Frühling" kommen könnte. Dabei kommt es zu einer längeren Warmphase, gefolgt von einem erneuten Wintereinbruch, wie wir ihn gerade 2016 hatten. Dies stellt unter anderem eine enorme Bedrohung für die Landwirtschaft, aber auch für die Tierwelt dar, da die Erträge der Landwirtschaft bis zu 80 % vom Wetter abhängig sind (vgl. Arnold A. 1997: S.19). Da Dürre- und Überschwemmungsschäden in Zukunft öfter, intensiver und großflächiger auftreten könnten, kann der Agrarsektor als Nahrungsmittellieferant als das größte Opfer angesehen werden. Die Frage wird sein, ob es möglich ist sich den zukünftigen Bedingungen anzupassen und diese zu Nutzen oder nicht.

11. Literaturverzeichnis

Adolf Arnold: Allgemeine Agrargeographie. Klett-Perthes Verlag, Gotha 1997.

Anderegg W R L, Prall J W, Harold J and Schneider S H 2010 Expert credibility in climate change Proc. Natl Acad. Sci. USA S.107

Barry, R.G. & Chorley, R.J. (2003): Atmosphere, weather and climate. 8th edition, Routledge, London.

Barth, H.-J. (2002): Klima – Eine Einführung in die Dynamik der Atmosphäre. Univ. Press, Paderborn.

Beck. S. (2010): Vertrauen geschmolzen? Zur Glaubwürdigkeit der Klimaforschung. In: Aus Politik und Zeitgeschichte 32-33,S.15-21

Bertelsmann (2011): Das neue Universal Lexikon, aktualisierte Neuauflage, Augsburg: Himmer AG, S. 577

Blüthgen, J. / Weischet, W. (1980): Klimageographie 3. Auflage. Berlin, New York.

Böhm R. (2010): Heiße Luft – nach Kopenhagen. Reizwort Klimawandel. Fakten – Ängste Geschäfte. 2. Aufl. Wien, Klosterneuburg: Va Bene, 280 Seiten

Buchal C., Schönwiese C. (2010): Klima. Die Erde und ihre Atmosphäre im Wandel der Zeiten. Berlin: Helmholtz-Gemeinschaft, 206 Seiten

CLAUDE H., STEINBRECHT W., KÖHLER U.:(2006): Entwicklung der Ozonschicht. In: Deutscher Wetterdienst: Klimastatusbericht 2005. PDF, 191 S.

Crowley T.J. (2000): Causes of climate change over the past 1000 years. Science 289, 270–277

Gebhardt H., Glaser, R., Radtke, U. & Reuber, P. (2007): Geographie – Physische Geographie und Humangeographie. Spektrum Akademischer Verlag, Heidelberg.

Gustav Mie(1908): Beiträge zur Optik trüber Medien, speziell kolloidaler Metallösungen. Annalen der Physik Folge 4, Bd. 25, 1908

Hupfer,P.,Kuttler,W.(Hrsg.,2005):Witterung und Klima. 11.Aufl.Stuttgard.

http://www.dwd.de/DE/klimaumwelt/klimaforschung/klimavhs/jahreszvhs/jahreszvhs_node.html (Zugriff am 20.08.2016) http://www.semibyte.de/wp/graphicslibrary/gl-physics/plancksches-strahlungsgesetz/ Zugriff am 20.08.2016)

http://libussa.org/beugung/bs0.png (Zugriff am 20.08.2016).

IPCC 2001: Climate Change 2001 - The Scientific Basis. &DPEULGJH 8QLYHUVLW\ 3UHVVISBN 0521014956, 944 pp(Zugriff am 20.08.2016).

IPCC 2007: Climate Change 2007:Synthesis Report:An Assessment of the Intergovernmental Panel on Climate Change.

http://www.ipcc.ch/publications_and_data/publications_ipcc_fourth_assessment_report_synthesis_rep. (Zugriff am 20.08.2016).

Kasang,Dieter(2012):Erdbahnparameterhttp://klimawiki.org/klimawandel/index.php/Erdbahnparameter (Zugriff am 20.08.2016).

Kuttler, W. (2009): Klimatologie. Verlag Schöningh, Paderborn.

Lohmann, Dieter (2002): Milankovitch-Theorie http://www.g-o.de/dossier-detail-21-15.html Letzter (Zugriff am 20.08.2016)

MANABE S., F. MÖLLER, 1961: On the radiative equilibrium and heat balance of the atmosphere, Mon. Wea. Rev., 118-133

MANABE S., R.F. STRICKLER, 1964: Thermal Equilibrium of the Atmosphere with a Convective Adjustment, Journal of the Atmospheric Sciences, S.361-385

Rahmeyer, F. (1999): Klimaschutz durch Steuern oder Lizenzen, Volkswirtschaftliche Diskussionsreihe der Universität Augsburg, Beitrag Nr. 183, http://www.wiwi.uniaugsburg.de/vwl/institut/paper/183.pdf, (Zugriff am 20.08.2016)

Ruddiman W.F. (2008): Earth's climate. Past and future. 2. Aufl. New York: Freeman, 465 Seiten

Schönwiese, Ch.-D. (2003): Klimatologie. UTB, Stuttgart.

Strahler, H. / Strahler, A. (2002): Physische Geographie, 2. Auflage. Stuttgart.

Weischet, W. (1988): Einführung in die Allgemeine Klimatologie. 4. Auflage, Teubner, Stuttgart.

WeischetW, Endlicher W. (2008): Einführung in die Allgemeine Klimatologie.7.Auflage, Gebrüder Bornträger Verlagsbuchhandlung, Stuttgart.